TUDO SOBRE A MATA ATLÂNTICA

Edição 2020

Imagens capa:
Shutterstock/ Edwin Butter
Shutterstock/ Sonsedska Yuliia
Shutterstock/ Agami Photo Agency
Shutterstock/ Janossy Gergely

Pé da letra

Imagens devidamente adquiridas sob licença da Shutterstock para usuário 278330043 com o pedido: SSTK-0DB32-B759

LOCALIZAÇÃO

A Mata Atlântica passa pelos estados do Espírito Santo, Rio de Janeiro e Santa Catarina, e parte dos estados de Alagoas, Bahia, Goiás, Mato Grosso do Sul, Minas Gerais, Paraíba, Paraná, Pernambuco, Rio Grande do Norte, Rio Grande do Sul, São Paulo e Sergipe. Além de cruzar esses territórios, abrange também o leste do Paraguai e a província argentina de Misiones.

QUATI

QUE SOM EU FAÇO?

ESCANEAR

A Mata Atlântica é uma comunidade biológica composta por diferentes formações vegetais e ecossistemas relacionados, destacando-se por sua rica biodiversidade, incluindo várias espécies endêmicas (encontradas apenas nesta área). Desde 1500, a área vem sofrendo com o desmatamento, incêndios e degradação ambiental. Esse bioma cobria uma área de 1.110.182 km², representando 15% do território do país, mas hoje apenas 7% da floresta original permanece. Aproximadamente 70% da população brasileira vive na Mata Atlântica.

FAUNA

De acordo com pesquisas realizadas, a Mata Atlântica possui 849 espécies de pássaros, 370 espécies de anfíbios, 200 espécies de répteis, 270 espécies de mamíferos e aproximadamente 350 espécies de peixes. Sem falar nos insetos e outros invertebrados, e demais espécies ainda não descobertas cientificamente, e que podem estar escondidas bem naquele trecho intacto de floresta que você admira quando vai para o litoral. Com o bioma reduzido a aproximadamente 8% de sua cobertura original, é inevitável que a diversidade animal esteja sob pressão das atividades humanas. Segundo dados do Instituto Brasileiro do Meio Ambiente e dos Recursos Naturais Renováveis (Ibama), 383 dos 633 animais da Mata Atlântica hoje estão ameaçados de extinção. Entre os animais que estão em perigo, um deles é o mico-leão-dourado.

Shutterstock/ Leonardo Mercon

A Anta é o maior mamífero terrestre do Brasil e o segundo maior da América do Sul, chegando até 300 kg e 242 cm de comprimento. É marrom-acinzentado com narinas em forma de probóscide, que se parece com uma pequena tromba, crista sagital proeminente e uma crina que vai do pescoço até a parte frontal da cabeça. A sua alimentação é muito frugívora, desempenha um papel importante na dispersão de sementes (principalmente palmeiras), e está relacionada com o ambiente onde há disponibilidade de água durante todo o ano. Pode se mover em matas abertas e fechadas. Seus inimigos naturais são grandes felinos, como onça-pintada e onça-parda.

Quati

O quati é um mamífero da ordem Carnivora, da família Procyonidae e do gênero Nasua. Embora tenha um aspecto "terno", pode ser bastante agressivo devido a causas hormonais durante a vida adulta.

Içara (palmeira)

A juçara ou içara (Euterpe edulis), também chamada jiçara, palmito-juçara, palmito-doce, palmiteiro e ripeira, é uma palmeira nativa da Mata Atlântica, que dá o palmito do tipo juçara. Está ameaçada de extinção.

Vegetação e flora

A Mata Atlântica tem uma estrutura e composição florísticas únicas, é uma das florestas mais ricas em biodiversidade do planeta, com o recorde de plantas lenhosas (angiospermas) por hectare (450 espécies no sul da Bahia), com aproximadamente 20 mil espécies de plantas, das quais 8 mil são endêmicas, além de recordes de quantidade de espécies e endemismo em vários outros grupos de plantas. De acordo com as pesquisas atuais, existem 200 espécies de plantas brasileiras ameaçadas de extinção, das quais 117 pertencem a este bioma. Para facilitar o estudo das plantas que compõem a floresta, os pesquisadores classificaram a vegetação a partir do que chamam de extratos, entre os extratos superiores (também chamados de dossel) estão as árvores mais altas que absorvem muita luz solar, abaixo do dossel, está o extrato arbustivo, do interior da floresta, reunindo espécies de árvores à sombra das árvores mais altas. O extrato mais baixo é o herbáceo, formado por pequenas plantas que vivem perto do solo.

Shutterstock/ Ricardo de Paula Ferreira

DISTRIBUIÇÃO DA VEGETAÇÃO

ESCANEAR

O xaxim também é conhecido pelo nome de sambambaiaçu, que em tupi significa "samambaia grande". Por ser bonito e prático seu caule foi muito explorado para fabricação de vasos, e também utilizado em projetos de paisagismo. Essas atividades levaram o xaxim a entrar na lista das espécies ameaçadas de extinção do Instituto Brasileiro do Meio Ambiente e dos Recursos Naturais Renováveis (Ibama).

SOLO

O solo desta floresta costuma ser muito raso, pouco ventilado, sempre úmido e quase sem luz, pois, como vimos, a maior parte da luz é absorvida pelas folhas das árvores altas. Essas características lhes competem pouca profundidade, elevada acidez e pouca oxigenação, fatores que contribuem para que os solos não tenham expressiva fertilidade. A pouca fertilidade existente é garantida pela presença da chamada serrapilhadeira: uma camada com vegetação residual, como folhas, caules e cascas, cobrindo a superfície do solo. A decomposição de grandes quantidades de matéria orgânica pode garantir a reciclagem dos nutrientes do meio ambiente. Os nutrientes absorvidos pela serrapilheira e pelo solo acabam voltando para as plantas, garantindo assim a vegetação vigorosa do bioma. Além disso, a baixa profundidade do solo e os altos níveis de chuva causam erosão e deslizamentos de terra nas partes mais altas dos terrenos.

A Mata Atlântica se estende por toda a planície costeira e atinge as montanhas ao longo da costa do Brasil. Esta cadeia recebe nomes diferentes de acordo com a área por onde passa. Por exemplo, no sudeste, um pedaço se chama Serra do Mar. Entre a planície e as montanhas, ainda existem algumas colinas e morros arredondados.

CURIOSIDADE

Você sabia que alguns povos indígenas ainda habitam a Mata Atlântica? Entre eles estão: Kaingang, Terena, Potiguara, Kadiweu, Pataxó, Krenak, Guarani, Caiová e Tupiniquim.

Reserva Ecológica de Guapiaçu

A bacia do Rio Guapiaçu conta com 58% do seu território em cobertura florestal, entre grandes florestas e pequenas parcelas de mata. O relevo e o acesso difícil contribuíram para preservação das florestas da reserva.

Como está espalhada por todo litoral brasileiro, a Mata Atlântica está submetida a climas diferentes, de acordo com cada região, porém, o clima principal é o tropical úmido, onde o ar úmido do Oceano Atlântico invade a floresta, tornando-a uma floresta pluvial. Constitui também outros microclimas ao longo da floresta, uma vez que as grandes árvores que compõem a vegetação criam sombras e umidade. Além do clima tropical úmido costeiro no Nordeste, a Mata Atlântica abrange também o clima tropical de altitude no sudeste e o clima subtropical úmido no sul. De norte a sul do país, existe um fenômeno que marca todas as áreas da Mata Atlântica: muitas chuvas, resultado da proximidade do oceano e do vento que sopra do oceano para o continente. Esses ventos carregam massas de ar muito úmidas que se condensam e se transformam em chuva ao encontrar as montanhas que cercam a Mata Atlântica.

HIDROGRAFIA

Na Mata Atlântica, as reservas de água são necessárias para abastecer 70% da população brasileira. Este bioma contém rios que fazem parte de 7 das 9 bacias hidrológicas do país. As regiões da Mata Atlântica têm alto índice pluviométrico devido às chuvas de encosta causadas pelas montanhas que barram a passagem das nuvens. As pessoas geralmente consideram a complexidade de um bioma apenas em termos de flora e fauna, mas o elemento básico da biodiversidade é a água. Se a água é essencial para a fonte da vida, como a Mata Atlântica e outros biomas, suas florestas desempenham um papel vital na manutenção do processo hidrológico que garante a qualidade e a quantidade dos cursos d'água, seus rios remanescentes regulam a vazão do rio, atenuando as enchentes, após as chuvas drenarem gradualmente a água. O armazenamento da água da chuva em mananciais de superfície ou reservatórios subterrâneos também é obtido por infiltração paulatina no solo, sendo esta infiltração garantida por folhas, troncos de árvores e suas raízes.

HIDROGRAFIA DO BIOMA

ESCANEAR

A Usina Hidrelétrica de Itaipu é uma usina hidrelétrica binacional localizada no Rio Paraná na fronteira do Brasil com o Paraguai. A Itaipu Binacional, operadora da usina, é líder global na produção de energia limpa e renovável e já produziu mais de 2,5 bilhões de megawatts-hora (MWh) desde o início das operações (1984).

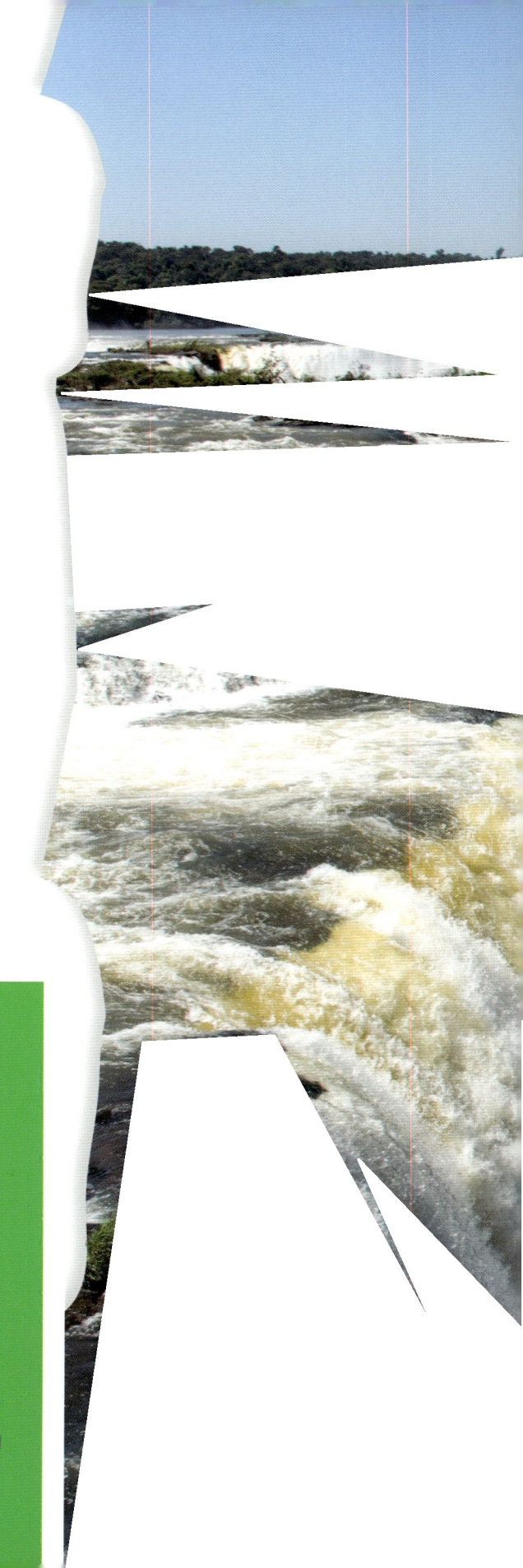

Cataratas do Iguaçu

O primeiro homem branco a ver as Cataratas do Iguaçu foi o desbravador espanhol Alvar Nuñes Cabeza de Vaca, no ano de 1542. Encantado com a beleza das águas, as batizou inicialmente de "Cachoeiras de Santa Maria".

Araucaria angustifolia

Na Primeira Guerra Mundial, a araucária passou a alimentar o mercado brasileiro e argentino, multiplicando-se as serrarias, que se deslocavam à medida que os pinheirais de cada local se esgotavam.

AMEAÇAS

A degradação da floresta começou em 1500, quando os portugueses chegaram e desmataram uma grande quantidade de pau-brasil e exportaram para a Europa. As atividades produtivas realizadas pelo homem continuam a ameaçar o restante do bioma, principalmente as agrícolas e agropecuárias, que muitas vezes são realizadas de forma insustentável. O desenvolvimento industrial também é um dos fatores que ameaçam a sobrevivência da Mata Atlântica. Além do desmatamento e do desenvolvimento industrial, também existe o comércio ilegal de espécies animais e vegetais. O tráfico de animais ocorre com frequência nesta área, principalmente com micos, araras e corujas, ou com orquídeas, bromélias e pinheiros. A retirada de animais e plantas do ecossistema atinge todo o bioma, sem falar que ocorre de forma bruta, sem critérios e nenhuma garantia de sustentabilidade ou renovação do bioma.

DETALHES DA FAUNA AMEAÇADA

ESCANEAR

O principal motivo da poluição dos rios monitorados é o lançamento de esgoto doméstico e outras fontes difusas de poluição. Em apenas 6,5% dos rios da Bacia da Mata Atlântica a qualidade da água é considerada boa e própria para consumo. Os rios estão gradualmente perdendo sua capacidade de abrigar vida, abastecer a população e promover a saúde e o lazer da sociedade.

PRESERVAÇÃO

Proteger os remanescentes da Mata Atlântica e restaurar sua vegetação nativa tornou-se um alicerce da sociedade brasileira, destacando-se para isso áreas protegidas, como Unidades de Conservação e Terras Indígenas, Áreas de Preservação Permanente e Reserva Legal, e ainda existe a Lei da Mata Atlântica. São vários os projetos de restauração da Mata Atlântica, que sempre encontram problemas de urbanização e falta de ordenamento do território, no entanto, milhares de organizações não governamentais, agências governamentais e grupos de cidadãos em todo o país se dedicam a proteger e restaurar a Mata Atlântica.